U0202826

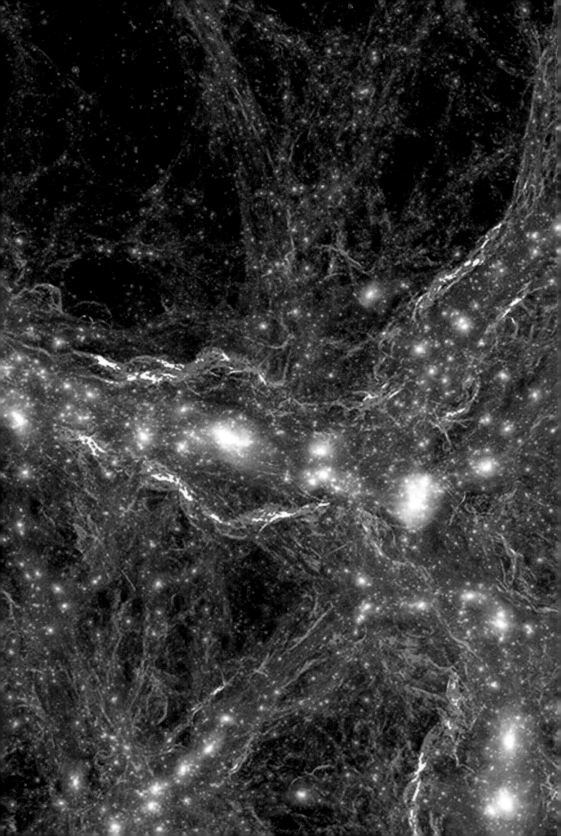

©Illustris TNG

北大名师讲科普系列
编委会

本册编写人员

北大名师讲科普系列

丛书主编 方方 马玉国

北京市科学技术协会
科普创作出版资金资助

探知无界
天文学中的基础物理

邵立晶 编著

北京大学出版社
PEKING UNIVERSITY PRESS

图书在版编目（CIP）数据

探知无界：天文学中的基础物理 / 邵立晶编著 . -- 北京：北京大学出版社，2025.1. -- (北大名师讲科普系列). -- ISBN 978-7-301-35812-2

Ⅰ. P14

中国国家版本馆 CIP 数据核字第 2025YP4135 号

书　　　　名	探知无界：天文学中的基础物理	
	TANZHI WUJIE：TIANWENXUE ZHONG DE JICHU WULI	
著 作 责 任 者	邵立晶　编著	
丛 书 策 划	姚成龙　王小恺	
丛 书 主 持	李　晨　王　璠	
责 任 编 辑	桂　春	
标 准 书 号	ISBN 978-7-301-35812-2	
出 版 发 行	北京大学出版社	
地　　　　址	北京市海淀区成府路 205 号　100871	
网　　　　址	http://www.pup.cn　　新浪微博：@北京大学出版社	
电 子 邮 箱	编辑部 zyjy@pup.cn　总编室 zpup@pup.cn	
电　　　　话	邮购部 010-62752015　发行部 010-62750672　编辑部 010-62756923	
印 　刷 　者	北京九天鸿程印刷有限责任公司	
经 销 者	新华书店	
	787mm × 1092mm　　16 开本　　7.25 印张　　70 千字	
	2025 年 1 月第 1 版　2025 年 1 月第 1 次印刷	
定　　　　价	48.00 元	

总　序

龚旗煌

（北京大学校长，北京市科协副主席，中国科学院院士）

科学普及（以下简称"科普"）是实现创新发展的重要基础性工作。党的十八大以来，习近平总书记高度重视科普工作，多次在不同场合强调"要广泛开展科学普及活动，形成热爱科学、崇尚科学的社会氛围，提高全民族科学素质""要把科学普及放在与科技创新同等重要的位置"，这些重要论述为我们做好新时代科普工作指明了前进方向、提供了根本遵循。当前，我们正在以中国式现代化全面推进强国建设、民族复兴伟业，更需要加强科普工作，为建设世界科技强国筑牢基础。

做好科普工作需要全社会的共同努力，特别是高校和科研机构教学资源丰富、科研设施完善，是开展科普工作的主力军。作为国内一流的高水平研究型大学，北京大学在开展科普工作方面具有得天独厚的条件和优势。一是学科种类齐全，北京大学拥有哲学、法学、政治学、数学、物理学、化学、生物学等多个国家重点学科和世界一流学科。二是研究领域全面，学校的教学和研究涵盖了从基础科学到应用科学，从人文社会科学到自然科学、工程技术的广泛领域，形成了综合性、多元化的布局。三是科研实力雄厚，学校拥有一批高水平的科研机构和创新平台，包括国家重点实验室、国家工程研究中心等，为师生提供了广阔的科研空间和丰富的实践机会。

多年来，北京大学搭建了多项科普体验平台，定期面向公众开展科普教育活动，引导全民"学科学、爱科学、用科学"，在提高公众科学文化素质等方面做出了重要贡献。2021年秋季学期，在教育部支持下，北京大学启动了"亚洲青少年交流计划"项目，来自中日两国的中学生共同参与线上课堂，相互学习，共同探讨。项目开展期间，两国中学生跟随北大教授们学习有关机器人技术、地球科学、气候变化、分子医学、化学、自然保护、考古学、天文学、心理学及东西方艺术等方面的知识与技能，探索相关学科前沿的研究课题，培养了学生跨学科思维与科学家精神，激发学生对科学研究的兴趣与热情。

"北大名师讲科普系列"缘起于"亚洲青少年交流计划"的科普课程，该系列课程借助北京大学附属中学开设的大中贯通课程得到进一步完善，最后浓缩为这套散发着油墨清香的科普丛书，并顺利入选北京市科学技术协会2024年科普创作出版资金资助项目。这套科普丛书汇聚了北京大学多个院系老师们的心血。通过阅读本套科普丛书，青少年读者可以探索机器人的奥秘、环境气候的变迁原因、显微镜的奇妙、人与自然的和谐共生之道，领略火山的壮观、宇宙的浩瀚、生命中的化学反应，等等。同时，这套科普丛书还融入了人文艺术的元素，使读者们有机会感受不同国家文化与艺术的魅力、云冈石窟的壮丽之美，从心理学角度探索青少年期这一充满挑战和无限希望的特殊阶段。

这套科普丛书也是我们加强科普与科研结合，助力加快形成全社会共同参与的大科普格局的一次尝试。我们希望这套科普丛书能为青少年读者提供一个"预见未来"的机会，增强他们对科普内容的热情与兴趣，增进其对科学工作的向往，点燃他们当科学家的梦想，让更多的优秀人才竞相涌现，进一步夯实加快实现高水平科技自立自强的根基。

目录 CONTENTS

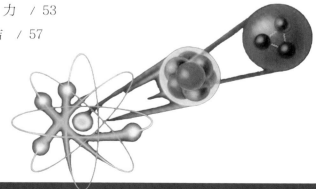

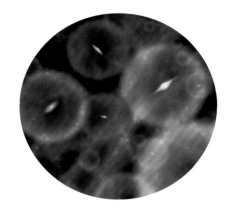

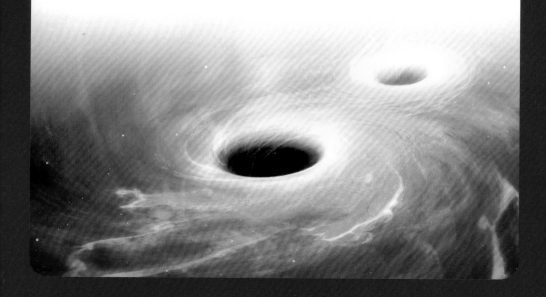

‖ 导　语

　　基础物理学是人类认识世界的重要积累，从牛顿到麦克斯韦，再到普朗克和爱因斯坦，由量子场论和广义相对论作为理论奠基的现代物理学大厦被构建起来。在这个进程中，天文学发挥了重要的作用。

　　本课程将通过介绍最新的天文学观测，展示包括引力波和黑洞照片等，来探讨天体物理在探索基础物理理论方面的突出作用，以及面临的机遇和挑战。

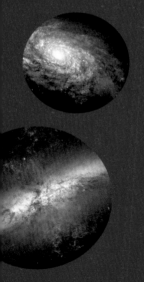

感兴趣的读者可扫描
二维码观看本课程视频节选

第一讲

宏观世界

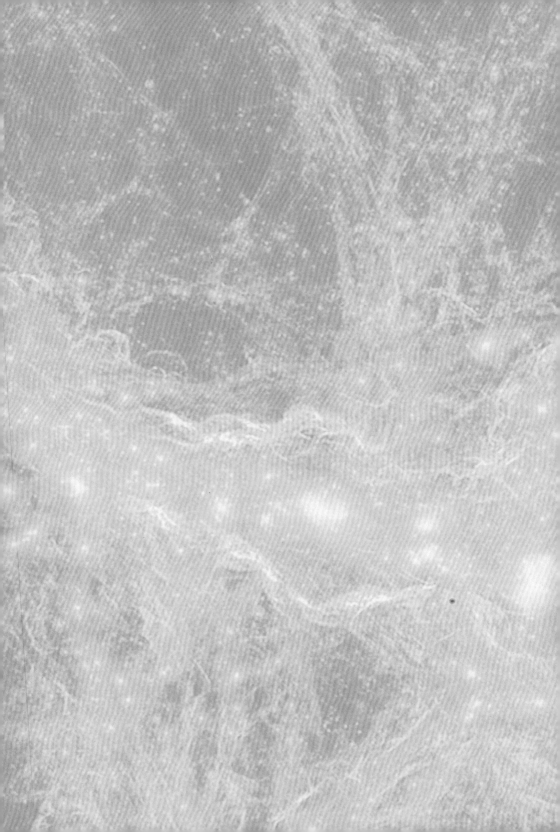

　　著名物理学家爱因斯坦曾经说过："提出一个问题往往比解决一个问题更为重要。"今天我们就以问题为导向，探讨一下：宇宙的结构是什么样的？我们是如何通过天文学观测来得到这些可靠的科学知识的？

　　古代哲学家们常常仰望星空，在心中思索：我们从哪里来？我们孤独吗？我们又要往哪里去？这些问题在刚开始的时候仅仅具有哲学思辨的意义。但是随着人类观测技术的发展，这些问题就步入了科学的殿堂。所谓科学的殿堂，就是能够通过实实在在的观测手段来研究这些问题，并对这些问题给出肯定或否定的答复。对以上问题的回复主要是通过天文观测来进行的。我们通过望远镜、卫星等观测手段，结合物理学基本规律，就能够推断出"我们从哪里来"这样一个基础问题的答案。

⁝⁝ 一、地球、月亮、太阳

在人们的认识中，最熟悉的天体当然是地球。地球是太阳系中不大不小的一颗行星，地球的半径大约是 6 400 千米。除了地球，月球也是人们非常熟悉的天体，特别是我国的中秋佳节，是一个赏月的传统节日。月球的半径大约是 1 700 千米，将近地球半径的 0.3 倍。大家可以想象一下，如果把多个月球移到地球内部，球心与地球球心在同一条直径上，大致能放下三个月球。同时，地球与月球之间的距离十分遥远，大约是 380 000 千米，将近地球半径的 60 倍，即 30 倍的地球直径。也就是说，如果把地球沿一条直线一个一个从

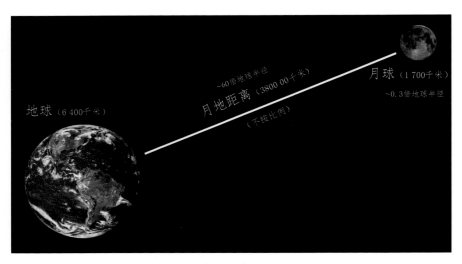

地球与月球

地球这边相接累积过去，到达月球总共需要大约 30 个地球。

?₂ 思 考 探 索

请查阅资料，思考人类是如何测量地球半径及地月距离的。

另一个我们非常熟悉的天体，就是太阳。太阳的半径约 70 万千米，是地球半径的 100 多倍，也就是说在太阳的一条直径上，总共可以相接串连 100 多个地球。

人们在科学的探索中，逐渐发现更加遥远的星体。太阳离我们有多远？差不多是 1.5 亿千米，将近地球半径的 2 万倍。这是非常遥远的距离。从地球到太阳，沿一条直线可以相接串连约 1 万个地球。太阳和地球的距离，在天文学中有着非常特殊的意义，我们把它定义为一个天文单位（Astronomical Unit，AU）。我们在研究其他临近天体的时候，经常用这个单位去度量其与我们的距离。

知 识 链 接

AU 作为一个标准的长度单位，在天文学的距离测量中被广泛应用。

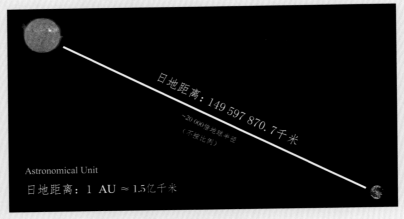

日地距离

思考探索

按照高中的物理知识，根据开普勒第一定律，地球绕太阳运行的轨道实际上是椭圆形，太阳在椭圆的一个焦点上。也就是说，太阳和地球之间的距离是会变化的，那么所谓的太阳和地球的距离 1 AU，具体是指什么？是多少千米呢？

在宇宙中，太阳并不是孤立的，太阳在一个叫作本地泡（Local Bubble）的大环境中，这个本地泡大环境的直径差不多有 500 光年这么长。那么，光年又是指什么呢？一看到光年中的年，很多读者会下意识地以为它是一个时间单位，但其实光年并不是一个时间单位，而是由时间和速度计算出来的长度单位，符号为 ly，它指的是光在真空中传播一年所经过的距离。它跟我们刚刚学到的天文单位（AU）之间的换算为：1 光年等于 6 万天文单位。

离我们地球最近的一个恒星系统叫作半人马座 α 星，以光年为单位度量，它和地球的距离是 4.24 光年。半人马座 α 星在各种科幻作品中经常出现。比如在著名的科幻小说作家刘慈欣创作的《三体》中，所描绘的就是来自半人马座 α 星的另外一个文明与我们地球上的文明交汇的故事。

本地泡

知识链接

1. **本地泡**是一片星际介质密度很低的区域，科学家猜测它由 1 400 万年前的超新星爆发而形成。太阳在银河系运动过程中，于 500 万年前进入了该区域。

2. **半人马座 α 星**又称"南门二"，是位于南天的一个三合星系统，由半人马座 α 星 A、半人马座 α 星 B、半人马座 α 星 C 组成。其中，半人马座 α 星 C 又称为"比邻星"，离我们只有 4.24 光年。

思考探索

请查阅相关资料，了解真空中光速及光年定义中 1 年的具体时间，并计算 1 光年为多少米。

⁞ 二、恒星

说起星星，大家可能会想起夜晚时天空中的漫天繁星。其实无论是半人马座 α 星还是太阳，实际上都只是漫天繁星中非常普通的恒星。这漫天的繁星告诉我们，宇宙非常庞大，非常宏伟。德国哲学家康德在《实践理性批判》中说过："有两样东西，我对它们的思考越是深沉和持久，它们在我心中唤起的惊奇与敬畏越是日新月异，不断增长，这就是我头上的星空和心中的道德定律。"

恒星是组成宇宙的基本单位。太阳是一颗恒星，太阳系位于银河系一个非常普通的位置——银河系的一条旋臂上面。太阳到银河系中心的距离大约是 8 000 pc（parsec，pc。pc 是天文距离单位，叫作秒差距，后文将详细介绍）。8 000 pc 相当于 25 000 光年，也就是说，地球上发出的光要经过 25 000 年才能够传播到银河系中心。大家想一想地球的历史，25 000 年之前，人类文明还处在非常原始的时期。如果在银河系中心也有文明，它现在所接收到的来自地球的光就来自 25 000 年前。

银河系的简要图像如下图所示，大家可以看到银河系是有结构的，以银河系中间明亮的区域为中心，银河系绝大部分恒星分布在一个外形如薄透镜、以轴对称形式分布的叫作

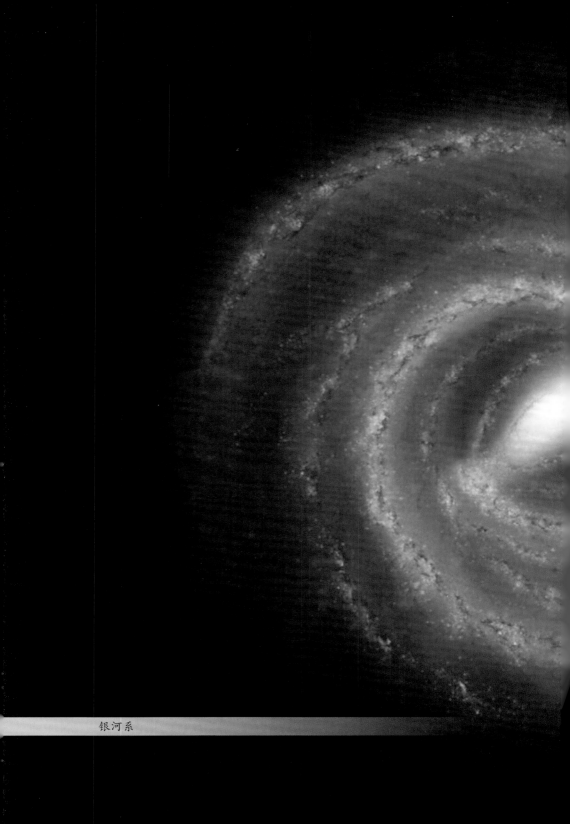

银河系

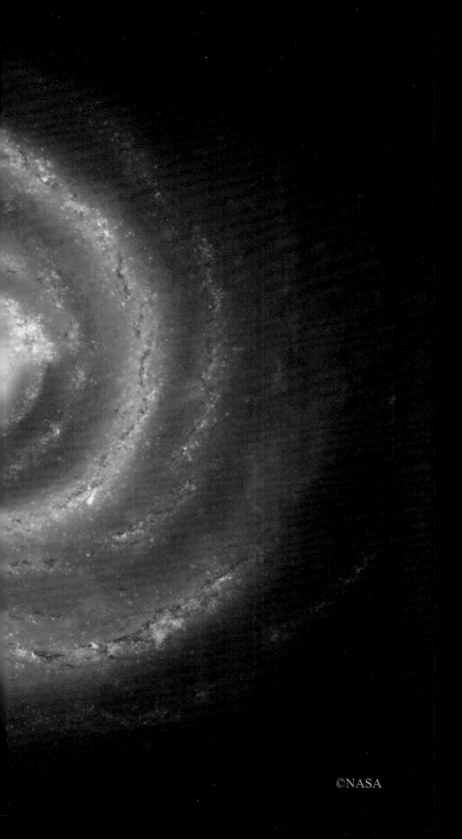

©NASA

银盘的结构上。太阳就是银盘上面一颗距银心 8 000 pc 的
恒星。

 **知识链接**

　　银河系的**旋臂**是气体和尘埃物质混杂的区域，共有人马臂、
猎户臂、英仙臂、天鹅臂四条。太阳系在猎户臂上。

⠿ 三、星系

太阳在银河系中是一个非常普通的恒星。同时，银河系从另外一个角度来说也是一个并不特殊的星系。宇宙中星系繁多，银河系只是其中一个非常普通的旋臂星系。宇宙中还存在着其他旋臂星系（后面将做详细介绍）。

这里需要给大家介绍另一个天文学中非常重要的长度单位，叫作秒差距，符号为 pc。秒差距跟之前介绍的天文单位之间是有联系的。秒差距的定义是：如果在远处有一个长度为 1 天文单位的物体，在地球上看它张开的角度是 1 角秒的话，我们就把这个物体与地球之间的距离定义为 1 秒差距。

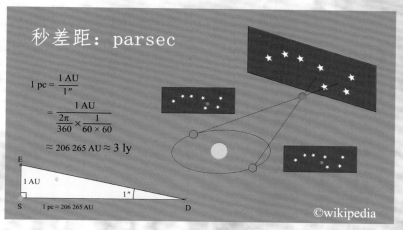

秒差距

下面，简单介绍一下角秒。大家知道，圆周用度数来衡量就是 360 度；将 1 度细分成 60 份，每一份就是 1 角分；1 角分再细分 60 份，每一份就是 1 角秒。想象一下，把一个物体移得越远，它的张角就会越小；离得越近，它的张角就会越大。当张角正好是 1 角秒的时候，将这个物体离我们的长度定义为 1 pc。如果从远处的一个星体看过来，它所张开的夹角正好是 1 角秒的话，那么这个星体和地球的距离就是 1 pc。

1 pc 究竟是多少呢？根据我们的介绍，可以从几何关系简单地推导出如下结果：1 pc 是 1 AU 在 1 角秒上的张开。所以从简单的几何关系推导，1 pc 大约是 20 万 AU。如果换成光年

的话，大约是 3 光年。AU 和 pc，是天文学中度量距离的两个非常重要的长度单位。

　　银河系非常漂亮，不论是在晴朗夜空下用肉眼观看，还是使用专业的天文望远镜观测，或者是观看卫星传回的图片，都给我们带来美的体验。根据前面的介绍，我们所在的太阳系处在银河系的一个旋臂上面，这个旋臂又在银盘里。大家想象一下，如果在一个盘中观察银河系，就会看到一条带状结构，也就是我们常说的银河。在南半球看银河，可以看得特别清楚，非常漂亮，繁星点缀出一条带状的银河之路，上面有非常多的恒星。

从南半球看到的银河系

银河系并不是唯一的星系，在天文学的研究过程中，人们逐渐把眼光放远，发现宇宙中存在着非常多的星系。银河系因为有旋臂的结构，所以被叫作旋臂星系。此外，人类发现宇宙中还存在其他的旋臂星系，如旋臂星系 NGC 4414。这样的星系非常多，而且每一个星系都跟银河系类似，具有旋臂结构和盘状结构，盘上面又有很多的恒星。根据前面的介绍，地球其实也是一颗非常普通的行星，想必在其他旋臂星系里，也可能存在很多类似地球的行星。这些行星上面是否还有其他文明呢？这些都给人类带来无尽的想象。

 知 识 链 接

　　旋臂星系又叫旋涡星系，多数由螺旋臂、星系核球、旋转盘面等结构构成。

旋臂星系（NGC 4414）

©NASA/ESA/Hubble/SDSS

　　旋臂星系也并不是唯一的星系种类，星系根据形态可以分为很多种类。另一类比较有名的是椭圆星系，它不是一个盘状结构，也不存在旋臂，而是一个三维椭球结构。随着对物理学和对星系演化与形成的理解不断加深，人们发现椭圆星系一般是比较年老的星系。宇宙中有很多椭圆星系，也有很多旋臂星系，还有一些其他类型的星系。

知 识 链 接

　　椭圆星系是一种河外星系，其三维形状多为椭球体，中心亮而边缘渐暗。椭圆星系主要由年老的恒星组成，此外还有少量的星际物质、年轻的恒星和疏散星团。其质量范围约为太阳的千万倍到百万亿倍。

椭圆星系（NGC 3923）

另外一类研究比较多的星系叫作星暴星系。比如 M82 就是一个星暴星系。星暴星系有一个非常有意思的特点——在星暴星系里，像太阳这样的恒星会以非常高的概率不断形成，相对于前面说过的椭球星系和旋臂星系的恒星形成概率会高很多。星暴星系是恒星形成的一个重要场所，类似太阳这样的恒星可以源源不断地在星暴星系中形成并且演化，甚至有可能孕育出新的生命。

星暴星系又称星爆星系，指的是在特定区域内恒星以异常剧烈的速度形成的星系。其主要特征是红外光度明显高于光学光度，有时可达 50 倍以上，表明星系内部存在大量的尘埃和气体被新形成的恒星加热。人们对星暴星系的形成机制尚不完全清楚，但普遍认为与星系间的相互作用有关，是一个短期现象；这些相互作用可能导致星系内部的气体被压缩和扰动，从而触发大规模的恒星形成。

星暴星系（M82）

©NASA/ESA/Hubble/D. Nobre

　　这里还要介绍一个非常著名的星系团，叫作 Abell 4067，人们又把它叫作子弹星系团，因为它的形态看起来像打出去的子弹，它是我们了解暗物质的一个非常重要的场所。子弹星系团（Abell 4067）的图片由两部分观测叠加组成。粉红色这一部分是通过对电磁波可见的各种物质的追踪实现观测的。它体现了一个星系中发光物质的位置分布，具体来说是通过 X 射线观测所得到的一个图像。除此之外，还可以看到蓝色部分，这部分就非常有意思，它其实代表着星系的质量分布。

知识链接

　　子弹星系团由两个相互碰撞的星系团组成，它提供了暗物质存在的直接证据。碰撞时其中一个较小的星系团像一颗"子弹"一样从较大的星系团中贯穿而过。

　　子弹星系团作为一个独特的天文实验室，为我们揭示了宇宙中暗物质的奥秘，并为未来的宇宙学研究提供了宝贵的线索。

子弹星系团（Abell 4067）

大家可能察觉到这个质量分布跟粉红色的电磁学波段的观测不相符。没错！这是天文学中非常著名的一个例子。子弹星系团其实给出了暗物质的一个证据。具体来说，蓝色部分的质量分布其实来自引力透镜的测量。根据爱因斯坦的广义相对论，光通过物质分布的时候会出现弯曲，弯曲的程度就体现了质量的分布。人们可以通过引力透镜的观测结果，得出星系的质量分布。子弹星系团质量分布和光学分布显著不重合的原因，在于这两个星系进行过一次碰撞。相互碰撞的结果是暗物质部分（蓝色）由于相互作用非常弱，跑得特别快，就跑在了前面；而光学所对应的那一部分（粉色），比如恒星，因为存在着黏滞效应，跑得比较慢，就落在了后面。这导致通过光学观测到的星系和通过质量观测到的星系之间的分离，这是暗物质存在的一个非常重要的证据。

 知 识 链 接

大质量天体周围的时空会发生畸变，使得其背后的天体发出的光，在经过该大质量天体附近时会发生弯曲，因此观测者看到的是发生了畸变的图像。这种效应类似于透镜对光线的折射作用，故名**引力透镜效应**。

⸬ 四、暗物质

　　刚才提到了一个新名词——暗物质，那么暗物质是什么呢？实际上，星系里面不仅存在恒星、行星、各种其他天体和发光发热的气体，还存在一类所谓的暗物质。至于暗物质究竟是什么，其实我们还没有一个特别好的理解。但目前天文学的很多观测现象都给出了暗物质存在的证据。前面说到的子弹星系团，就是其中一个非常著名的例子。这也告诉我们，星系不仅只是一些恒星的累积，其实还存在暗物质"晕"。经过非常多的观测后，人们得到下图所示的图像。

暗物质"晕"

暗物质"晕"

银河系

星系的中心是一堆包括恒星、气体等在内的发光物质组成的集合。例如银河系就是一个银盘结构，它的直径约 10 万光年。但是暗物质存在于更大的一个区域内，这些暗物质形成了一个"晕"状结构，它的尺度可以远远大于发光物质的尺度。对于银河系来说，这个"晕"状结构差不多有 30 万光年。

为什么星系中心的发光物质会聚集到一起，而暗物质却非常弥散呢？这是由于在引力作用下，物质互相靠近从而坍缩，这一过程中发光物质会进行一定的耗散。又因为发光物质与发光物质之间存在着电磁相互作用，从而在耗散的过程中，发光物质逐渐损失角动量，越靠越近，最终形成了星系里面发光的那一部分。但是暗物质跟平常物质之间的相互作用非常弱或几乎没有，从而没有一个足够有效的角动量耗散机制，所以暗物质的分布就比较弥散。

这就是人类现在对星系的一个朴素理解，即星系由发光物质和暗物质两部分组成。

宇宙中星系其实非常多。星系与星系之间也存在着引力作用，会互相靠近，互相成团，形成某些局部密度比较大的区域，即所谓的星系团。每一个星系团的中间都有发光物质，周围有暗物质"晕"。类似的观测证据有很多，足以证明宇宙、星系就是这样的一个构成。

星系团

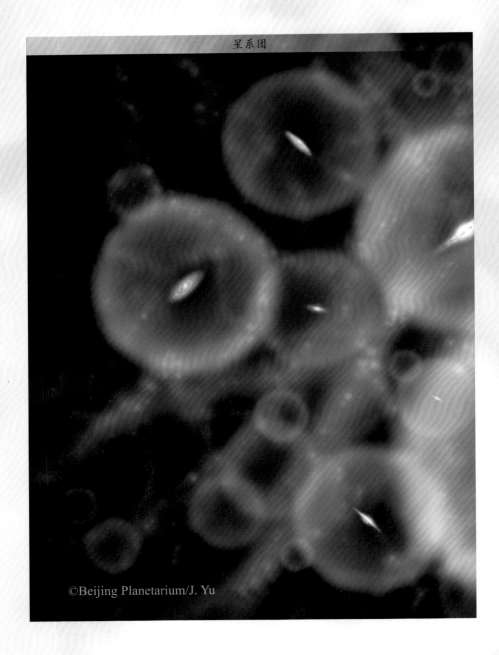

©Beijing Planetarium/J. Yu

　　如果把目光放得再远一点，就会发现宇宙中的星系并不是孤立的，它们会通过引力相互作用，在宇宙学的时标上进行相应的并合以及绕转等。从人类观测到的诸多星系成像的剪影中可以看到很多类型的星系，有偏红的，有偏蓝的。这说明这些星系中的各种恒星活动强度不一样，另外大小和形状也各有不同，它们共同构成了宇宙的大环境。

诸多星系成像剪影

如果把目光看得更远一点，就会看到星系其实存在着成团结构。这些团块之间因为引力吸引，形成了宇宙学中所谓

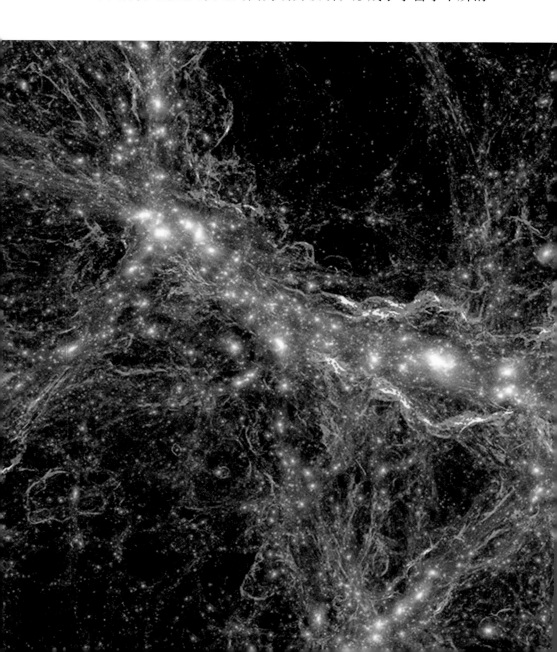

"纤维状结构"的宇宙网。具体来说，就是在某些区域星系聚集得比较多，而有些区域显得很空荡。

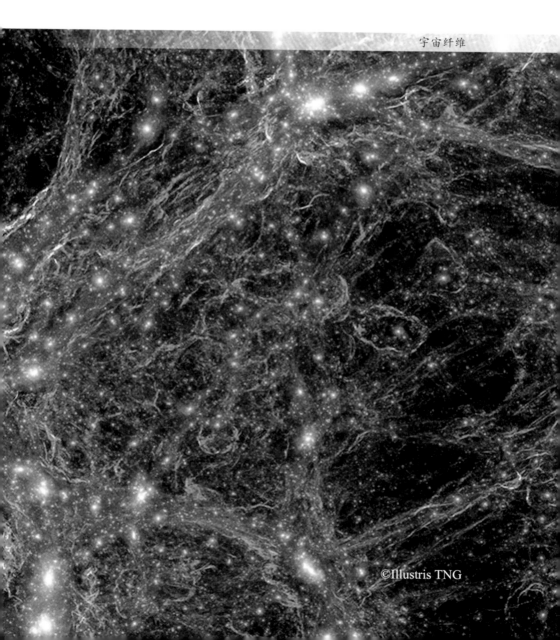

宇宙纤维

©Illustris TNG

　　如果从更全面的角度去看宇宙，就会看到下图所示的景象——微波背景辐射，它是由普朗克（Planck）卫星拍摄的。图上每一点都代表一个方向，它实际是一个球面投影到一个平面上（与把地球上的国家画在世界地图上类似），在每一个方向上人们都可以研究它到底存在多少星系。人们惊奇地发现，微波背景辐射在全宇宙的分布基本上是均匀的，这也构成了我们观测宇宙学的一个原理性的认识。但在这些均匀的分布上面，还存在着微小的起伏，大小差不多是均匀的本底

微波背景辐射

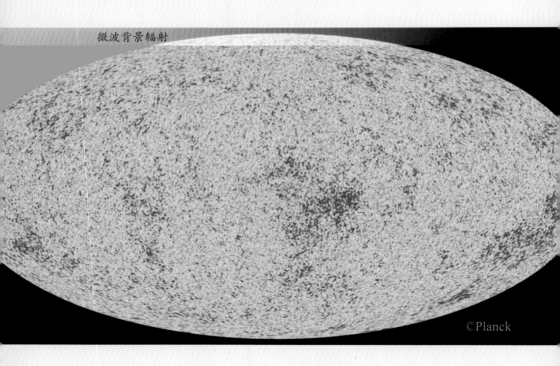

©Planck

的十万分之一。这些起伏可以通过卫星对宇宙中的微波背景辐射强度的刻画体现出来。这些起伏是形成现在星系各种成团结构的种子。宇宙微波背景辐射是来自宇宙大爆炸的遗迹，其不均匀性所对应的演化最终形成了整个宇宙的图像。

这些来自宇宙大爆炸早期的微波背景辐射，可以告诉我们星系成团的最初条件是什么。这些条件正是来自宇宙大爆炸早期发生的各种物理过程。微波背景辐射的观测其实是我们现在对宇宙一个最全面、最完整的认识，是对宇宙的各个方向，以及空间尺度上的一个完整的认识，是我们现在信息含量最丰富的一个宇宙学观测结果。

⁝⁝⁝ 小结

　　宇宙组成的基本单位是恒星（star）。恒星在天文学中其实有一个明确的定义，就是通过引力相互作用束缚触发核燃烧所形成的一个聚集体。这些恒星相当于组成宇宙的"小分子"，它们构成了星系（galaxy）。星系是一些恒星的集合体，典型的星系由千亿数量级的恒星构成。比如银河系就由大约4 000亿颗恒星构成。从数量级上来说，4 000亿是一个非常大的数目，其中就包含我们所生活和了解最多的恒星——太阳。在另外的4 000亿颗恒星中，是否还存在像太阳系这样具有文明的恒星系统？如果它存在，如何探测这样的地外文明呢？这是天文学观测中非常吸引人的研究项目。银河系也不是宇宙的全部。其实，宇宙中存在非常多的星系，根据人类现在的认识，差不多有数万亿个星系，这个数目非常庞大。天文学的研究中涉及的数量级都是非常大的，在这些大的数量级的映衬下，人类显得十分渺小。银河系只是数万亿个星系中的一个，银河系里面又有 4 000 亿颗恒星，太阳是这 4 000 亿颗恒星中的一颗。而地球是太阳的八大行星之一，上面孕育出了人类智慧。

如果计算宇宙中总共有多少颗恒星，会发现其实并不是无穷大，它是一个有限的数。每个星系中的恒星差不多是千亿数量级，再乘上星系数量万亿，大致可以得出一摩尔数量级的恒星总数。大家可能在高中化学课程中学过"摩尔"这个单位；1 摩尔就代表阿伏伽德罗常数个，数量级上是 10^{23}。非常凑巧，宇宙中所含有的恒星总数差不多就是 1 摩尔。这些恒星构成了我们的宇宙。

本讲是希望通过介绍人类所处的大环境，来探讨"我们从哪里来"这样一个基本问题。这个问题从最初的哲学思辨到现在已转化为一个科学问题、一个天文学问题。人类通过大型望远镜，最终得到了上文介绍的这些认识图像，这是通过人类智慧所形成的宇宙图景。

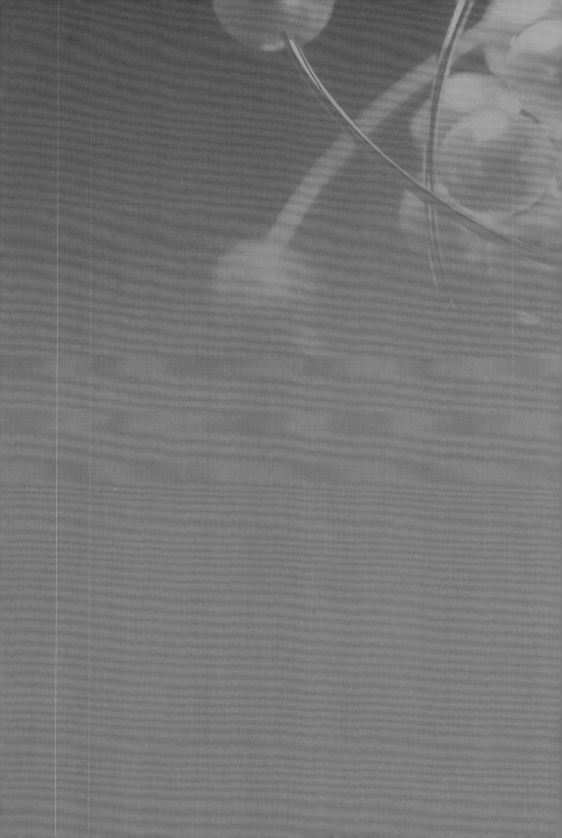

第二讲

微观世界

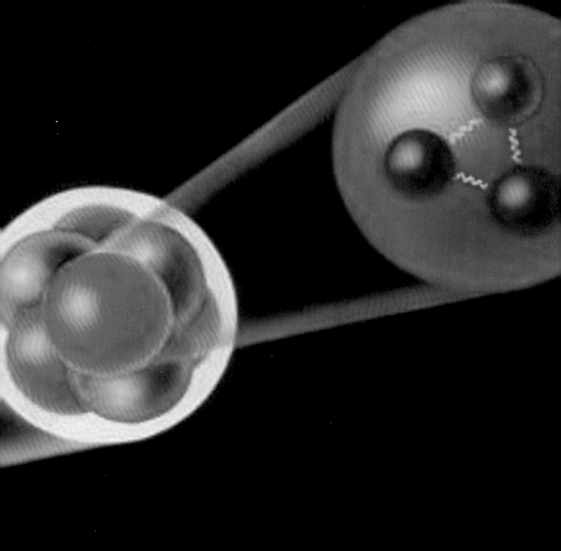

©M.Gilbert

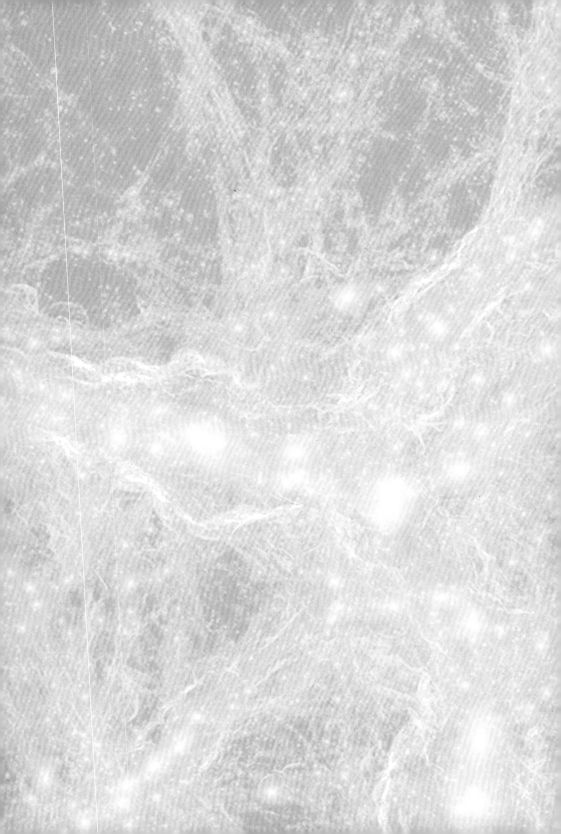

　　第一讲我们从理性角度，探讨了一个重要的问题："我们从哪里来？"我们通过科学的手段对这个问题进行了逐步的探讨。研究发现，人类其实是处在一个非常普通、渺小的环境中。

　　本讲将带领大家从另外一个角度探索这个问题，即从更小的尺度探索基本的物质组成是怎样的。我们要探索的问题是：世界的本原是什么？这个问题跟前面的问题一样，它最初的时候是作为一个哲学问题被研究的。只有当实验物理学达到了一定的技术手段，能够发明显微镜、加速器等探索微观物质世界的仪器以后，我们才能够从科学的角度去理解世界的本原。

　　物理学家理查德·费曼曾经因为在量子电动力学方面的突出成就而获得诺贝尔物理学奖。他在《费曼物理学讲义》中提出这样一个问题：假如人类遇到一次浩劫，所有的科学知识都被摧毁，只剩下一句话能够留给后代，哪句话可以用最少的词包含最多的信息？他自己的答案是："我相信这就是原子假说。"就是说我们世界万物并不是可以无穷无尽地细分下去。比如砍断一根树枝，可以对半分一次、再分一次、再分一次，就得到 1/2、1/4、1/8 的树枝。但是这个过程并不能永远无穷尽地进行下去，最终会遇到一个无法再分的微观物质世界。也就是说，万物是由原子或者微小粒子组成的，它们永恒地运动着，并且在一定的距离以外互相吸引。但是当把它们挤压在一起的时候，它们又互相排斥。当人类遇到浩劫的时候，费曼想要留给人类一句总结性的、对物质世界本原认识的话，就是原子假说。在这一句话里包含了这个世界巨大数量的信息，包括我们对这个世界的哲学理解和科学认识。现在我们就来看看这个问题。

知识链接

理查德·费曼（1918—1988），美国理论物理学家，加州理工学院教授，因为量子电动力学方面的原创性贡献，他与施温格和朝永振一郎共同获得了 1965 年的诺贝尔物理学奖。

⠿ 一、微观世界

"元素周期表"给出了组成物质世界的基本元素：氢、氦、锂、铍、硼……相信大家对这个表格非常熟悉，也知道这些元素之间相互组合，能够形成分子。这是化学家的"元素周期表"，门捷列夫是"元素周期表"的发现者。化学家通过"元素周期表"里的各种元素，以及元素的周期性行为（包括惰性、活跃程度等），来解释生活中所遇到的各种现象。

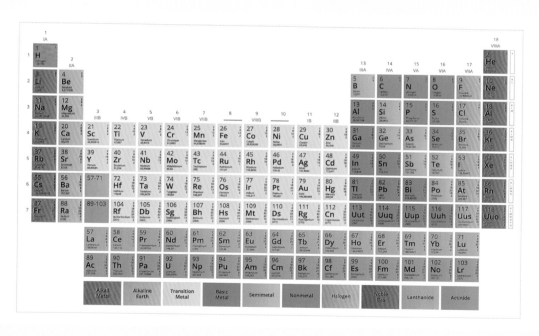

元素周期表

　　但在物理学家眼中，这些只是表象，他们有更深层次的认识来解释"元素周期表"，即说明为什么这些元素会有这些性质，为什么它会有周期性的行为。这些解释是通过对原子以及原子的组成结构的研究来完成的。大家肯定非常熟悉原子的"行星模型"，它和我们之前内容中所讲的太阳系图像有相似点，在原子中间有原子核，原子核周围有电子（如下图所示），电子像行星绕着太阳转一样绕着原子核运动。这就构成了最朴素的、最原始的原子科学图像，但这样的图像其实是过分简化了的。

原子的行星模型

?? 思考探索

请查阅相关资料,了解玻尔提出原子结构背后的故事,并回答哪一个事件标志着玻尔模型的正式提出。

人类现在对原子的认识和测量是这样的一个图像,即原子中心有一个原子核,周围的电子形成一定的分布。这个分布跟我们普通理解的分布不太相似,而是一个概率性分布。下图所示是一个真实实验的测量结果:在这些白色的地方,越白代表有越高的可能性能探测到一个电子。在不存在这些概率分布的地方,则不可能测到电子。这是一个电子如何围绕在原子核周围形成一定概率性的运动、分布,从而决定原子的性质,以及原子所代表元素的性质是怎样的一个科学认识图像。当然了,通过这样一个简单的图像,人们可以构造出非常多的电子分布形式。

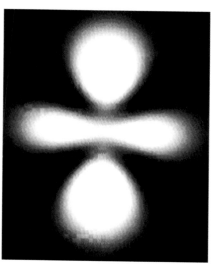

测量原子图像

下图给出了更多的例子。电子以这种概率性的方式分布
在原子核周围，这种分布决定了原子的诸多性质。原子又组
成分子，分子又组成我们的世界。所以从还原论的角度来说，
我们正在还原这个世界的本相，即通过将一种非常简单的
"小砖块"累积起来，成为纷繁多样的大千世界。

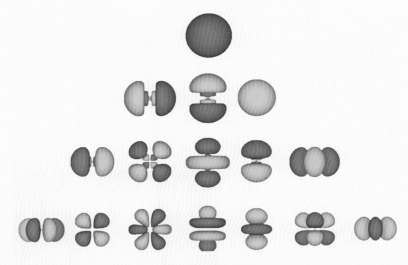

电子分布的方式举例

有一个非常重要的学科是由对这个问题的探索产生的，
那就是量子力学。量子力学告诉我们，电子在原子核周围的
分布并不是像之前所说的"行星模型"描述的那样，围绕在
原子核周围做轨道运动。原子的"行星模型"图像是人们基
于对行星运动观测得到的印象，为了回答物质应该怎么运动
所构建出来的。

　　但是在微观世界中，人们日常生活中的认识是否还合理呢？量子力学告诉人们，微观世界中会遇到宏观世界所不具有的新现象。电子的运动其实是以"波函数"的形式体现的，最终"波函数"的平方体现为一种概率分布，而不是真实的轨道运动。这是非常大的突破，也是 20 世纪最伟大的突破之一。

　　但这一突破是如此反直觉，很多人都是经历了很长一段时间才能够接受这样一个描述微观世界的图像，也就是微观世界是概率性的，而不是决定性的图像。比如，爱因斯坦本人就不是特别认同这样一种概率性的世界——要承认生活在这样一个概率性的世界中，可能跟爱因斯坦本人的哲学思想是冲突的。

　　爱因斯坦有一个非常有名的说法叫作"上帝不玩骰子"，也就是说上帝并不是通过概率来决定这个世界是如何运行的。可是在长久的科学争论中，我们发现爱因斯坦的这种说法其实是不对的。史蒂芬·霍金在一个非常有名的回应中提出："上帝不仅玩骰子，还常常把骰子扔到我们看不见的地方以迷惑我们。"霍金以诙谐的方式回复了爱因斯坦的"上帝不玩骰子"的说法。霍金的说法体现了微观世界是以概率存在的物理事实。这个事实是人们对微观世界物质本原的非常重要的认识，也是量子力学的基本图像。

　　目前，人类对微观世界的认识大致是这样的：物质是由各种分子组成，分子由原子组成。原子其实非常空旷，所谓的"空旷"是说它并不是一个被实实在在填充的个体，它的中心一般来说有一个非常小的叫作原子核的东西。原子核差不多是"费米（fm）"量级，1 fm=10^{-15} m。而原子本身有10^{-10}米这么大，即原子本身直径比原子核大10^5倍，或者说体积大10^{15}倍。而在大10^{15}倍的空间里面，就充斥着电子的波函数。所以，原子整体来说还是非常"空旷"的个体。在这个问题里，扮演最重要角色的其实是中间非常小的原子核。

　　人类现在对原子核的认识是这样的：它由质子和中子组成，质子和中子非常密集地累积在一起，它的构成形式与电子＋原子核构成原子的形式很不一样。原子核是以非常密集的形式填充在一起的，是一种紧密的排列。再往微观看，质子和中子最终又由夸克组成。目前，夸克这个概念是我们对物质认识的极限，但它到底有没有大小呢？这个问题人们现在还不能回答，现在所给出的实验精度还不能测量出夸克的大小。

　　随着物理学的进步，人们逐渐使用加速器去碰撞和打击各种微观粒子，从而发现更多种类的微观粒子。这是不是一个无穷无尽的过程呢？根据现在物理学对这个问题的理解，答案是"并不是"。这一答案是粒子物理标准模型给出的。

©M.Gilbert

原子核示意

　　粒子物理标准模型认为基本粒子是构成物质的基本单位，它们可以分为夸克、轻子、玻色子。

　　夸克有六类：u 夸克、d 夸克、c 夸克、s 夸克、t 夸克、b 夸克。这六类夸克组成了夸克家族。轻子包括中微子和前面提到的电子等。玻色子是传递力的粒子，负责传播夸克和轻子之间的相互作用（人们将这种相互作用叫作"力"）。玻色子包括胶子、光子、Z 玻色子和 W 玻色子、希格斯玻色子。胶子把夸克牢牢地粘在一起，形成质子和中子。可以说，没有胶子，宇宙中的物质就会散架。光子是电磁力的传递者，负责让电子绕着原子核转，也让我们能看到光。Z 玻色子和 W 玻色子负责一种叫"弱力"的相互作用，比如让太阳发光（核聚变）的过程就离不开它们。希格斯玻色子被称为"上帝粒子"，它通过希格斯场给其他粒子赋予质量。

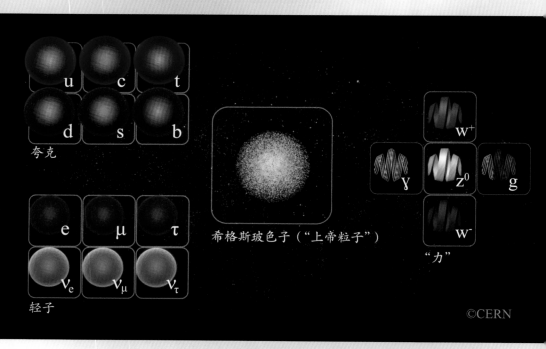

粒子物理标准模型示意

生活中的常见物质，主要由粒子物理标准模型中的 u 夸克、d 夸克和电子三类粒子构成。另外，人们最常遇到的就是电磁相互作用，它是由光子传播的。生活中也存在其他几类基本粒子，但由于能标太小常被忽略。或者说这些粒子跟生活中的常见物质的相互作用太小，不容易引起人们注意。但无论如何，当前的理论物理对整个世界的理解是基于"粒子物理标准模型"这一理论框架的。

知 识 链 接

粒子物理标准模型：在粒子物理学里，标准模型是描述强力、弱力及电磁力这三种基本力及组成所有物质基本粒子的理论。到目前为止，几乎所有对以上三种力的实验结果都合乎这套理论的预测。

知 识 链 接

我们能否在某个过程中看到某个粒子，取决于这个过程所涉及的能量大小，我们把这个能量叫作能标。

粒子物理标准模型是物理学家给出的"元素周期表"，描述了粒子以及微观世界的基本构成，其包含的内容不仅比化学元素周期表更多，而且远比化学家给出的元素周期表简单。

粒子物理标准模型是物理学中著名的还原论的成功实践，粒子物理标准模型将物质和相互作用还原为最基本的基本粒子和力。粒子物理标准模型的成功验证了还原论的有效性，但两者都有局限性，未来的物理学可能需要超越还原论的思想，探索更复杂的现象。还原论和标准模型共同推动了人类对自然界最深层次规律的理解，但它们也提醒我们：宇宙的奥秘可能比我们想象的更加复杂和深刻。

 **知识链接**

还原论认为，复杂的系统、事物，可以将其化解为各个部分，然后组合来加以理解和描述。

⠿ 二、力

　　自然界中我们认识的力有电磁力、引力、弱力、强力四种，这四种力支配着宇宙中物质和能量的行为，从微观粒子到宏观天体都离不开它们的作用。电磁力包括磁铁间的吸引力以及电产生的各种力。引力是我们最熟悉的，人之所以能够站在地球上就是因为引力，如果没有引力我们可能会到处

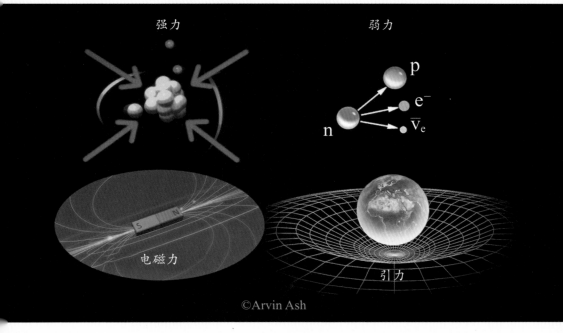

四种力

飞。弱力和强力是两类微观的力，这两类力不会在宏观现象中体现出来，但在微观现象中非常重要。强力把质子和中子黏合在一起，使它们形成原子核的基本作用力。弱力在放射性现象中起重要作用，可以引起中子向质子转变。我们已经逐步将弱力和强力应用于实际技术领域，比如核反应堆、核能发电中起非常重要作用的力就是强力和弱力。

总之，整个世界由电磁力、引力、弱力和强力这四种基本力支配，这是现代物理学对物质世界最本原、最微观的认识。

也许有人会问，这个认识是不是还可以进一步深入？进一步去认识它是否有更微观的本质？目前来说，我们还不知道这个问题的答案，因为还没有足够的技术手段支持更进一步的探索。当然现在还在试图通过天文学观测、建造各种加速器等方法去更进一步地理解物理世界。这些都是基础物理探索的前沿。

下图非常有意思，它展示了物理学的终极理想。图的左边是宇宙大爆炸初期，右边是我们现在的世界。前文提过，物理世界总共有四种力：电磁力、引力、弱力、强力。在粒子物理标准模型中，有一个现象叫作电弱相互作用。什么意思呢？就是说在能量比较高的时候，你会发现电磁力和弱力其实是同一种力的不同表现。这种统一的力称为电弱力，而描述这种统一性的理论就是电弱统一理论。

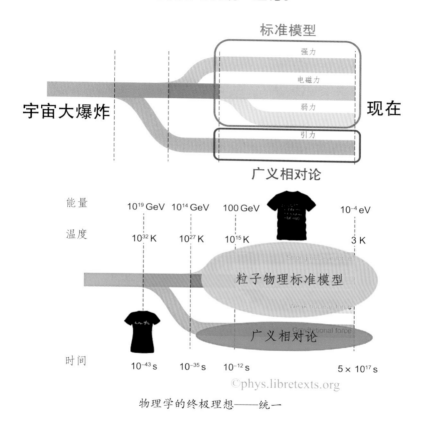

物理学的终极理想——统一

 知识链接

电弱统一理论：1968年，S.温伯格、A.萨拉姆在S.L.格拉肖电弱统一模型的基础上建立了电弱统一的完整理论。电弱统一理论预言的中间玻色子 $W^{\pm}$、Z^0 在实验中得到证实。他们三人获得了1979年的诺贝尔物理学奖。

电弱相互作用的统一促使人们思考：其他几种力是不是也可能在更高的能量上统一起来？这是非常重要而且自然的想法，因为我们希望世界的本原有一个简单而统一的描述。人们猜测，在宇宙大爆炸早期，能标非常高，在这样的能标下面，四种相互作用力有可能统一成一种作用力。宇宙大爆炸之后，宇宙开始冷却，由于能量的降低，不同的力逐渐分化出来，分化到现在我们看到的四种基本相互作用的力。这四种力是否能够统一成一种力，是现在热门的研究课题，在这个方向上，有很多理论与实验上的探索，是基础物理学中非常重要的领域。到目前为止，我们还只能把电磁力和弱力统一起来。如何把电磁力和强力统一起来呢？或者说如何和引力统一起来呢？对于这样的统一场论，科学家们预估需要达到很高的能标才能够实现，现在还没有办法在实验上去探索。

知识链接

统一场论：一种尚未完成的基本物理理论。物理学家的梦想之一是把各种基本的自然力统一到一个单一的理论框架中，这也是爱因斯坦在其后半生大部分时间的努力方向。

⠿ 小结

通过前面的介绍，我们发现在茫茫宇宙中，不仅人类所居住的地球是如此普通，甚至连太阳系和银河系也都是如此普通。在宇宙中，人类是渺小的。但是人类的理性精神异常强大，人类不仅能够认识非常大的宇宙，而且能够认识非常小的微观世界，并且能够把它们统一到一个物理学理论框架中。这是我们物理学科和天文学科对物质世界的探索。

或许有人会好奇：不是说宇宙充满暗物质和暗能量吗？没错！但人类目前能清晰描述的只有约5%的普通物质，剩下95%的宇宙由暗物质和暗能量主导，我们对它们的理解还不够深刻。暗物质、暗能量是什么？通过一些观测它们已经向我们展露了冰山一角，但我们还无法看清它们的全貌，这需要我们进一步探索、理解，并用人类的理性去揭开这些物质的神秘面纱。

我们再来看一下图"物理学的终极理想——统一"，前文提过粒子物理标准模型其实是一个量子场论框架，它能够描述先前提到的四种基本相互作用中的三种，即弱力、强力、电磁力。粒子物理标准模型简洁优美，与各类实验结果对比都非常吻合。其数学形式更是简明深刻——你甚至可以把它的所有核心信息写在一件 T 恤上面，堪称人类智慧的结晶。但是另一方面，我们发现，引力到现在为止还没有办法归到粒子物理标准模型框架中，描述引力的权威理论是爱因斯坦的广义相对论。广义相对论的核心方程式也同样极其简洁，仅用一行公式就能概括。那么，这里就有疑问，我们的物质世界难道是由两套理论描述的吗？为什么不能统一呢？

其实粒子物理标准模型与广义相对论从现在的理解来看是不兼容的，没法融合成一套体系。又有人可能会问：它们不能兼容告诉了我们什么？这告诉我们两套理论其中有一个是错的，或者两个都是错的。我们需要进一步探索它们两个中哪一个是错的，以及在什么地方需要作出相应的修改，来形成一个统一理论。

　　四种基本相互作用中有三种可以通过粒子物理标准模型描述，唯独引力无法被纳入，它被独立出来，由广义相对论进行描述。这种特殊性究竟意味着什么？这个问题我们现在还没有特别好的回答，也正是这些未解之谜推动着人类不断探索：什么是引力？引力为什么如此特殊？

第三讲

引 力

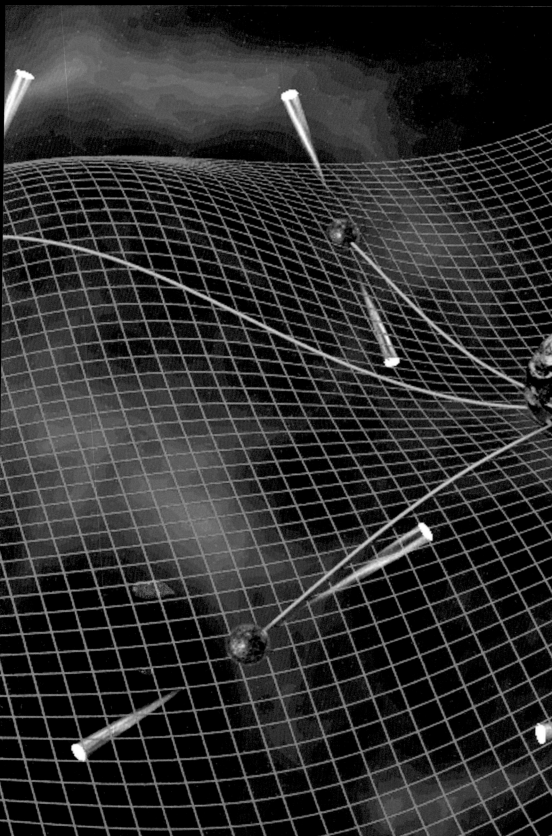

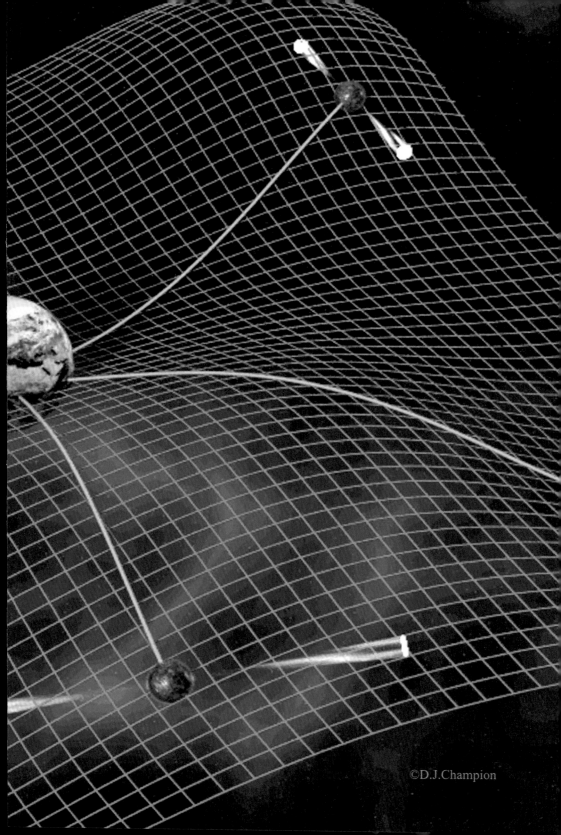

©D.J.Champion

　　在前面两讲内容中，我们了解了比人类自身尺度大很多的物质世界，即人类所处的天体物理大环境究竟是什么样的，也了解了比人类自身尺度小很多的微观物质世界是怎样的，以及世界是通过什么样的物理规律来进行统一描述的。无论从宏观角度还是微观角度，我们对这个物质世界的理解似乎已经非常深刻了。这是 20 世纪物理学与天文学非常重要的发展。可是在对物质本原的探索中，我们也得出了一些矛盾——粒子物理标准模型与广义相对论始终无法兼容。如果希望能够更进一步理解物质世界，那么我们是不是有可能从引力着手，去理解引力世界究竟是什么样的？下面我们就来探讨一下。

　　还是以提问的形式来进行探索。引力是什么？这个看似简单的问题或许会令人困惑——引力难道不就是我们熟知的自然现象吗？这里我们更希望从物理学规律的本原角度回答这个问题。大家可能学过牛顿万有引力，但现代物理学对引力理解最深刻的，其实是广义相对论。广义相对论在某种近似情况下，准确点说，是在引力很弱，并且物体运动速度远小于光速的情况下，可以回到牛顿万有引力，它是对牛顿万有引力的深化与超越。说起广义相对论，不得不提到大家都非常熟悉的物理学家——阿尔伯特·爱因斯坦。这位科学伟人的传奇性，在《时代》周刊 1999 年的"世纪人物"评选中可见一斑——尽管 20 世纪涌现了众多在政治、经济、科学领域取得瞩目成就的杰出人物，但最终却是理论物理学家爱因斯坦荣膺桂冠。在群星璀璨的 20 世纪，爱因斯坦以其颠覆性的科学洞见，成为当之无愧的 20 世纪第一人。

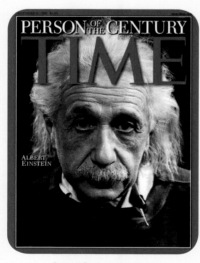

《时代》杂志评选的
20 世纪第一人

爱因斯坦的传奇始于对牛顿物理体系的理性审视。牛顿物理体系大家可能非常熟悉，三大运动定律和万有引力定律都属于牛顿物理体系内容。但是爱因斯坦觉得牛顿物理体系存在着某些问题，与某些物理现象、观测、实验并不完全一致。爱因斯坦有他独特的思考方式，通过他严谨又深邃的思想实验，最终提出了新的理论。其中有两个具有代表性的理论：一个是狭义相对论，一个是更进一步的广义相对论。因为这两部分内容涉及的数学和物理知识比较多，所以这里只做简要介绍。希望通过简单的介绍能够给大家带来一点启发。

⠿ 一、狭义相对论

    狭义相对论挺有意思，它源自爱因斯坦的一个思考。思考的情景可能是这样的：当时爱因斯坦每天要坐地铁去上班，路上会经过一座挂着机械钟的教堂，他有时候就看看钟上的时间——那个时代人们已经知道"看见"钟表本质是眼睛接收光信号，即钟面反射的光传入爱因斯坦的眼睛。爱因斯坦可以通过阅读这个光得出钟所指示的时刻，就跟大家看手表是同样的道理。也就是说，钟上面的光通过光速传播到达爱因斯坦的眼睛。爱因斯坦突发奇想：假如我以光速远离钟，那么我会看到什么？如果按照伽利略的速度叠加方式，由于爱因斯坦远离钟的速度和光的速度一样，所以光相对于爱因斯坦来说是静止的。因为爱因斯坦以光速远离钟，光也以光速追爱因斯坦，远离速度与光速相等，即意味着光永远无法追上他的眼睛，所以爱因斯坦将看到一个凝固的钟的图像。这个钟并不会走动，在爱因斯坦看来时间是凝固的。但时间是否真的凝固了呢？这是一个非常奇特的想法。

?₂₂ 思 考 探 索

    查找相关资料，看一看在狭义相对论中，速度是如何叠加的。

爱因斯坦与时钟

　　经过很长时间的思考，爱因斯坦逐渐解开了这个谜团，并提出了著名的狭义相对论。从爱因斯坦的思考角度来说，狭义相对论非常简单，它包含两个假设，一个假设是相对性原理，另外一个假设是光速不变原理。相对性原理说的是在各个惯性参考系里进行物理实验，看到的物理现象是一样的。光速不变原理说的是在各个惯性系里测光的速度，结果都是一样的。比如在前面的例子中，爱因斯坦在地铁上测到光速 c，当爱因斯坦以光速奔跑时，他相对于地铁来说是另外一个惯性系，此时他测到的光速还是同一个数值 c，这就是光速不变原理。

这两个原理的提出，从理解上来说可能并不难。但只有以它们为基石搭建起数学体系，并发现该体系能完美解释我们观测到的现象时，一个自洽的理论才真正建立——这就是狭义相对论。通过狭义相对论的数学推演，爱因斯坦进一步导出了诸多结论，其中就包括大家非常熟悉的、物理学史上有名的公式之一：$E = mc^2$。这个公式告诉我们，能量等于静质量乘以光速的平方。这个公式非常有用，不仅对理解世界有用，对如何使用能量——在经济学意义或者说是能源意义上——也非常有用。当然，大家可能非常清楚，这个简单的公式可以进行很多的应用，包括核武器研发、核能发电等。

狭义相对论的思想并不难理解，它非常简洁，修正了电磁学和牛顿力学的矛盾，这是对人类时空观的全新认识，具有令人震撼的理性美。

虽说狭义相对论修正了电磁学和牛顿力学的矛盾，但狭义相对论在解决这一问题的同时，又与牛顿的万有引力定律产生了冲突。万有引力定律的公式 $F = G\dfrac{m_1 m_2}{r^2}$ 中的力在牛顿力学框架下通常被理解为瞬时作用，也就是说这个力被认为是瞬时产生的，这意味着两个物体间的引力变化被视为瞬时传递，这与狭义相对论相违背。因为在狭义相对论里，任何

$$E = mc^2$$

物理信息最快只能以光速传播。

狭义相对论与牛顿万有引力定律的矛盾是促使爱因斯坦思考引力问题的重要因素之一，最终推动了广义相对论的建立。爱因斯坦在提出狭义相对论后便开始思考如何将引力纳入相对论框架，但这一问题涉及更深层次的时空结构，比狭义相对论更为复杂。他用了整整十年（1905—1915）的时间进行研究，最后提出了广义相对论。广义相对论是对牛顿的万有引力定律和之前爱因斯坦自己提出的狭义相对论的更深层次的统一性的认识。

⠿ 二、广义相对论

广义相对论依赖于两条简单的原理，一条就是前文讲过的相对性原理，另一条是等效原理。

以下是对等效原理的简单说明：把木球和铁球同时从同一高度释放，在没有空气阻力的情况下，它们会同时到达地面，这表明它们的加速度与物体的组成无关。进一步思考，就会发现引力所对应的质量，跟惯性所对应的质量是一样的，即等效的。

正是基于这样的思考，爱因斯坦进一步阐述了等效原理，他提出引力可以等效为惯性力。这如何理解呢？比如说，爱因斯坦站在一个秤上称体重，秤上会有一个读数。他也可以站在秤上扔一个球，球会往下落，这是大家司空见惯的现象。想象一下，如果爱因斯坦、秤和球三者同时做自由落体，那么在旁观者看来，爱因斯坦仍旧站在秤上，那个球仍然在向下落；但是从爱因斯坦的角度来看，他看到的秤上读数是 0，而且旁边的球相对于他来说并没有下落。这是为什么呢？用爱因斯坦的话来说，就是没有引力了。之前，爱因斯坦能称到体重、球会下落，原因在于存在引力。但当秤处于自由落体状态时，在这个局部参考系中，引力与惯性力完全等效，导致他感知不到引力。换句话说，在这个自由下落的非惯性系内，引力"等效地"消失了。

爱因斯坦、秤和球做自由落体

　　以上内容告诉我们，在局部自由落体参考系中，引力可以等效为惯性力。这种现象，其实很多人都可以想象出来，并且认为是合情合理的。然而，要将这种现象上升为一个基本原理，并进行深入的理论探讨，只有像爱因斯坦这样卓越的物理学家才能做到。进一步来说，如果引力可以等效为惯性力，就可以通过数学方式，将引力纯粹地描述为时空的几何性质。这正是爱因斯坦广义相对论的物理和数学基础。

　　前文提到，爱因斯坦在狭义相对论提出后的十年间，逐步发展出广义相对论，因为这背后的数学原理其实是非常复杂的。尽管其核心思想很直观，但要真正地把它构建成一个数学物理理论，就需要用到"微分几何"这一数学工具。我们不讲数学上的细节，而是希望仅从物理角度加以介绍。

简而言之，广义相对论可以归结为两句话：一是，物质与能量的分布决定时空的几何结构，即时空的弯曲程度；就像我们前文所说的，时空弯曲表现为"引力"效应。二是，在弯曲的时空中，自由运动的物体沿测地线运动。用物理学家约翰·惠勒的话通俗总结就是：物质告诉时空如何弯曲，时空告诉物质如何运动。

??? 思考探索

球面上有两个点，它们之间的最短路径是什么？

再介绍一个日常生活中的常见现象——在公交车上，当司机突然刹车时，车上的人就会向前倾。我们在高中物理中学过，此时的公交车属于非惯性参考系。根据牛顿力学框架中的解释，当司机踩下刹车，车身的速度突然减小，而乘客由于惯性仍保持原有的运动状态，因此看起来像是受到了一个向前的"惯性力"，导致身体向前倾。

在广义相对论的框架中，什么是非惯性参考系？就是引力。引力是什么？引力就是时空弯曲。司机一踩刹车，车上的人就往前倾。为什么？因为时空弯曲了。大家可能觉得这非常好笑，但是在广义相对论中，这确实是一种合理的解释。根据等效原理，在非惯性参考系中，惯性力可以等效于引力，而这正是导致乘客前倾的原因。

　　其实，我们甚至可以模拟引力。怎么模拟引力呢？前面我们提到，引力在局部范围内可以等效于惯性力，因此如果能够创造非惯性参考系，就能产生类似引力的效应。比如，在电影《2001 太空漫游》中，有一个模拟引力的画面：一个环形的宇宙飞船旋转起来。大家知道在这样的旋转参考系中，物体会受到一个离心力——这是一种惯性力的作用。此时，如果你在环形舱板上，就可以感受到类似引力的东西。其实，从广义相对论的角度来看，这并不是真正的引力，而是一种由加速度产生的等效效应，因此可以称之为"人造重力"。

　　广义相对论的影响是如此深刻，它告诉我们，时间和空间都是可以弯曲的，这一观点为我们理解宇宙提供了全新的视角，同时也是一种基于科学的理性认知。许多艺术家尝试用带有艺术情感色彩的方式来表现时空的概念。比如，达利的画作《记忆的永恒》通过融化的钟表表现了时间的不稳定性，这种对时间概念的艺术表达在某种程度上可以让人联想到相对论中的时间。

　　爱因斯坦的贡献是如此之大，因此诺贝尔物理学奖得主杨振宁曾经评价说："20 世纪物理学有三大贡献，其中有两个半是爱因斯坦的。"这里所说的三大贡献，一个是量子力学，一个是狭义相对论，一个是广义相对论。狭义相对论与广义相对论都是爱因斯坦的独创。爱因斯坦在量子力学方面

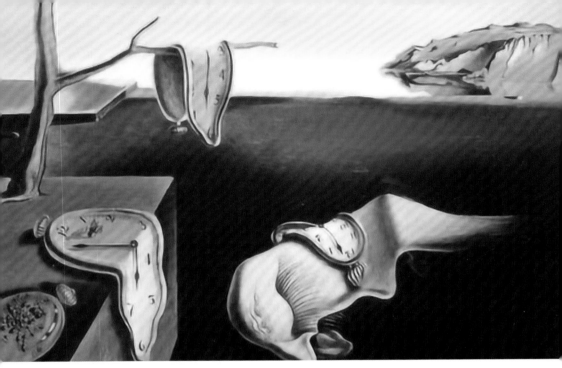

达利的画作《记忆的永恒》

也有非常大的贡献。大家如果读过他的传记，会发现爱因斯坦拿过一次诺贝尔物理学奖，但获奖原因并不是狭义相对论或广义相对论，而是他在量子力学方面的贡献，即对光电效应的解释。

广义相对论通过描述时空的弯曲，建立了一个完整的数学框架。该框架能够预测一些在牛顿力学和牛顿引力理论中不存在的东西，比如黑洞和引力波。这些概念在近年来已成为物理学研究的热点。

？思考探索

查询资料，想一想到目前为止，已经有哪些实验和观测证明了广义相对论的正确性。

⠿ 三、黑洞

黑洞是什么？下图中的公式是爱因斯坦场方程。前文提到，广义相对论需要一套非常复杂的数学理论去描述。当然，我们并没有对场方程进行详细解释，因为这个方程涉及深奥的数学知识。但我们可以简单地观察一下这个场方程。这个方程的左边其实是对时空的刻画，右边的 $\dfrac{8\pi G}{c^4}$ 由常数项组成，其中，G 是引力常数，c 是光速，8π 也是常数。此外，右边还有一个量 $T_{\mu\nu}$，它代表物质的分布。爱因斯坦的广义相对论的核心思想正是由这样一个场方程来描述的，即方程左边代表时空，右边代表物质。

场方程中包含了很多复杂的数学知识，但物理学家不

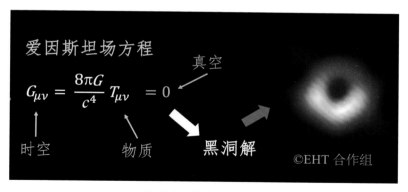

爱因斯坦场方程与黑洞

能因为困难而不去研究它。我们可以先做一些简化，研究一下没有物质的情况，此时方程右边的 $T_{\mu\nu}$ 等于 0。这样的方程可以在对称性非常好的情况下解出来。在球对称、静态的情况下，方程的解描述了一种特殊的时空几何结构，即史瓦西黑洞。这种时空结构非常简单，不仅具有很高的对称性，而且不随时间演化。这个解实际上是爱因斯坦场方程的一个推论，描述了最简单的黑洞。这个黑洞解在后来的观测中得到了数据支持。黑洞与我们日常接触的普通物质都不同，它有一些奇特的现象。

知识链接

史瓦西黑洞：卡尔·史瓦西是第一个找到爱因斯坦场方程解的科学家。史瓦西黑洞描述的是一个没有转动、没有电荷的黑洞，发现于 1915 年底，只比广义相对论的发表晚几个月。

天文学研究发现，黑洞是真实存在的。恒星最初是由气体云在引力作用下坍缩逐渐聚集成的一个"星星的雏形"。这个"聚集体"可能质量比较小，也可能质量比较大。在质量比较小的情况下，它通过新星爆发，会形成叫作白矮星的天体。在

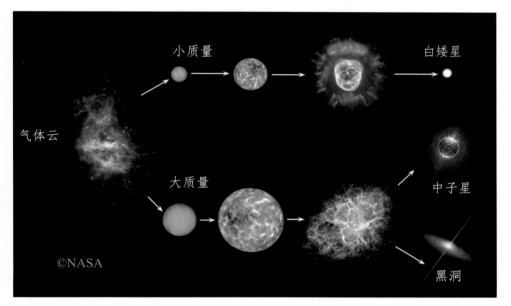

气体云

小质量

白矮星

大质量

中子星

©NASA

黑洞

简化版的恒星演化过程

大质量的情况下，它通过超新星爆发，最后有可能在中心留下一个叫作中子星的非常致密的天体。什么叫致密？就是它的密度非常高，在很小的体积里集中了极大的质量。

大质量恒星爆发后也可能在中心留下一个天文学黑洞，黑洞是可以真实观测到的。

第一讲中介绍过银河系是一个盘状结构。在这个盘状结构的中心（盘心）有一个黑洞，一个超大质量的黑洞，其质量约为太阳的 400 万倍，它的名字叫作 Sagittarius A*，简写为"Sgr A*"。"事件视界望远镜"（EHT）合作组在2022年公布了银河系中心黑洞的首张成像，成功展示了黑洞周围的辐射特征，其观测结果与广义相对论的预言是完全一致的。所以说，广义相对论是一个非常伟大的理论，它不仅能够延拓牛顿引力理论，还成功预测了诸多天体物理现象，如黑洞、引力透镜效应和引力波等。这些现象的存在已被观测证实，充分体现了广义相对论的非凡洞察力和理论预测能力。

如图"银河系中心黑洞 Sgr A* 的成像"所示，这样一个成像观测其实极为困难，因为这个黑洞离我们非常远，远在银河系的中心。银河系中心离我们大约是25 000光年。试想，光需要25 000年才可以从银河系中心传到太阳系，而想要在如此遥远的距离上清晰观测黑洞，就要使用非常大的望远镜。受限于地球的大小，人类无法直接建造一台与地球等大的望远镜，但可以利用多个望远镜的协同观测，模拟出一个口径相当于地球直径的"虚拟望远镜"。这正是"事件视界望远镜"合作组所研究的课题。

该合作组联合全球多个射电和亚毫米波望远镜，对银河系中心黑洞进行了成像观测。这些望远镜的协同作业，使其综合观测能力相当于构建了一台口径与地球相当的"虚拟望远镜"，这一成就堪称非凡。这样高的观测精度意味着什么呢？举例来说，这个望远镜的分辨率足以观测到月球表面上

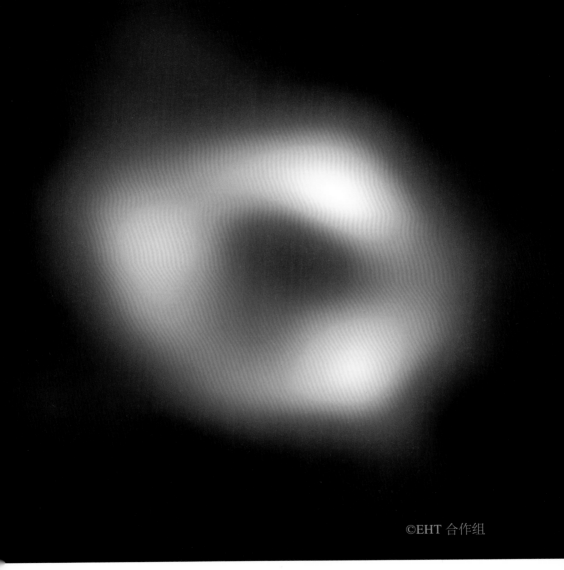

©EHT 合作组

银河系中心黑洞 Sgr A* 的成像

的一个苹果，如此惊人的分辨率令人震撼。

？？思考探索

　　黑洞的大小由史瓦西半径公式 $R= 2GM/c^2$ 决定，其中万有引力常量 $G=6.67×10^{-11}$ N·m²/kg²，光速 $c=3.0×10^8$ m/s，天体的质量为 M。已知太阳的质量约为 $2×10^{30}$ kg，假如它变成一个黑洞，则"太阳黑洞"的半径约为多少？

⠿　四、引力波

　　接下来介绍的是一个很新的科学研究课题——引力波，它也是广义相对论的推论。广义相对论预言引力的传播速度是有限的，而不像牛顿力学框架中那样是瞬时传播的，它需要一定的时间，从一个地方传到另一个地方。比如，太阳离我们地球的距离，如果用光分来表示，差不多是 8 光分。什么叫光分？就是光在真空中走一分钟的距离。如果在牛顿力学框架中，突然有上帝之手把太阳拿走，那么你会瞬时感觉到太阳消失了。但是在广义相对论里面它有 8 分钟的延迟，就算太阳已经不在了，也得等 8 分钟以后，地球上的人才会感受到这件事情的发生。

　　正是因为广义相对论中引力相互作用的传播速度是有限的，科学家才预言了引力波的存在。那引力波是什么呢？引力波其实跟水波有点类似，但又不完全类似。它是时间和空间的振荡，相当于一种时空涟漪，在宇宙中无处不在。当引力波经过时，我们用来测量长度的尺子，用来测量时间的钟，都会对引力波作出反应，会根据引力波的特性进行某种形式的振荡。这种时空的振荡非常小，远远超出人类的感知范围，日常生活中人们根本感受不到。要探测这种时空涟漪，需要非常精确的测量。我们也可以通过爱因斯坦场方程简单估算

2×10^{-43} (国际单位制)
$\downarrow$

$$G_{\mu\nu} = \frac{8\pi G}{c^4} T_{\mu\nu}$$

引力波的强度。这个估算非常粗略，但是也能够让大家看到引力波是非常小的东西，确实很难测到它。怎么来看呢？在左图的方程中，大家可能对 $G_{\mu\nu}$ 和 $T_{\mu\nu}$ 不了解，但其他的几个量，大家非常清楚。$\frac{8\pi G}{c^4}$ 是物理学常量。如果代入国际单位制内的数值，就会得出这个常量是 10^{-43}。

这个方程的左边代表时空，右边的 $T_{\mu\nu}$ 代表物质，物质的前面乘了 10^{-43} 这么小的数，这说明需要一个非常大的物质才能影响时空。我们周围的时空是如此平直，并没有看到时空弯曲，原因就是我们的物质的量太少，没有大到能够影响时空。

简单来说，时空是很坚硬的，虽然本课程经常说弯曲时空，但实际上时空是很难被弯曲的。引力波作为时空弯曲的一种情形，其强度一般情况下非常小。只有在极端的天体物理过程中才能产生一个可观的引力波，这样的过程通常需要非常大的物质量，或者一个非常大的引力源。这样大的引力源在天文学中是存在的，比如说中子星。前文提过，超新星爆发以后有可能留下中子星，也有可能留下黑洞。中子星是一个非常致密的星体，它的质量比太阳还大，但是它的半径

©ESO/L. Calçada

中子星

差不多是 10 km。大家知道 10 km 是什么概念吗？打个出租车 10 分钟可能就跑 10 km。这么小的一个星体，它的质量却非常大，因此它足以使时空弯曲，在它的某些动力学行为中就有可能产生引力波。

此外，能够造成时空弯曲的比较大的天体还有黑洞。要去探测由这些致密天体产生的引力波，需要非常精密的探测仪器。例如，激光干涉引力波天文台（LIGO），它由两条长

激光干涉引力波天文台（LIGO）

4 km 的臂组成；这两条臂用来监测时空的变化，时空是否发生收缩或者膨胀都可以探测到。

 知 识 链 接

　　激光干涉引力波天文台（LIGO），是探测引力波的高精度天文观测台，受美国国家科学基金会资助，建造在美国的汉福德和利文斯顿两个城市。LIGO 利用激光干涉的技术，由两条长度为 4 km 的臂来探测由于引力波引起的微小变化。

?₂ 思考探索

查找 LIGO 探测引力波的原理。

LIGO 实验组进行了几十年的探索，终于在 2015 年探测到了引力波现象，并在 2016 年发布了该引力波事件。

LIGO 实验组把它命名为 GW150914，GW150914 指的是探测到它的时间为 2015 年 9 月 14 日，这是人类首次探测到引力波现象。

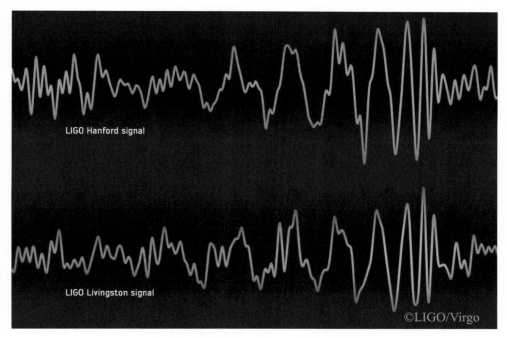

人类首例双黑洞并合探测——GW150914

　　这是人类首次实现对一个微小的时空涟漪的探测。GW150914 也是人类首例探测到的来自双黑洞并合的引力波信号。该引力波是两个黑洞互相靠近并合成一个黑洞时形成的。

双黑洞并合示意

©M. Garlick

在其后的观测中，人类又探测到很多例引力波事件，其中绝大部分来自双黑洞并合，也有来自双中子星并合的。2017年8月17日，人类观测到首例双中子星并合事件产生的引力波信号。

人类首例双中子星并合探测——GW170817

©LIGO/Virgo

　　因为中子星含有富中子物质，它们在并合过程中会抛射很多物质，最后也可以形成一些电磁辐射。所以人类不仅在引力波中观测到了这个过程，也在电磁波段上探测到了其中的各种现象，是非常成功的一次多信使探测。

思考探索

　　引力波的探测中放大了微小的物理量。请举例写出两三个利用将微小量放大的方法进行的实验。

双中子星并合示意

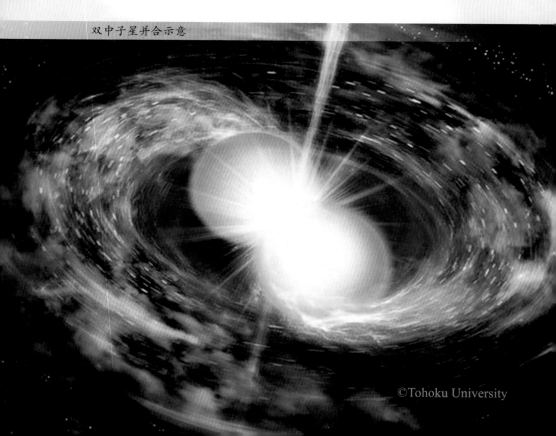

©Tohoku University

人类现在测到的引力波还局限在非常小的频率窗口，也就是百赫兹频率窗口。人类接下来计划在更低频段探测更多的引力波。图"引力波的探测"中给出了不同频段上，什么过程可能产生引力波，以及可以通过何种方式来探测低频引力波的示意，这里我们做一个简单的介绍。

人类计划通过发射三颗卫星构建一个空间引力波探测器，这些卫星在地球绕太阳的轨道上构成等边三角形编队跟随地球运行。该探测器的三个卫星通过激光束形成的三个测量臂就是用来监测时空变化的，这个探测项目叫作 LISA 计划。中国也有相应的计划来做引力波探测，目前有太极计划和天琴计划。太极计划与 LISA 计划类似，但三颗卫星的轨道是在地球前面，且卫星的间距更大些。天琴计划则不一样，三颗卫星是绕地球转，且卫星间距要小很多。

 知 识 链 接

目前，中国已提出了太极计划和天琴计划两个空间引力波探测计划。

太极计划是由中国科学院提出的，它是由三颗绕日轨道卫星组成的等边三角形构型的激光干涉仪，臂长为 300 万千米，位于地球前方日心轨道（与地球夹角 20° 左右）。主要科学目标是观测双黑洞并合和极大质量比天体并合时产生的引力波辐射，以及其他的宇宙引力波辐射过程。

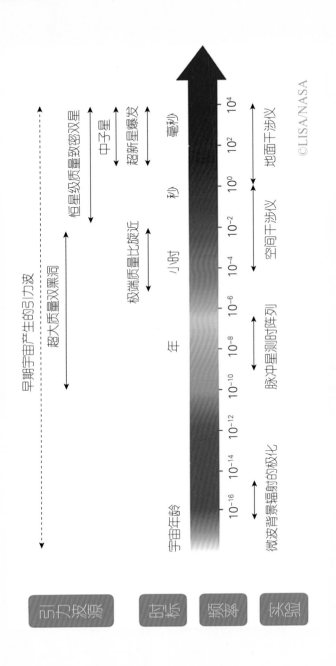

引力波的探测

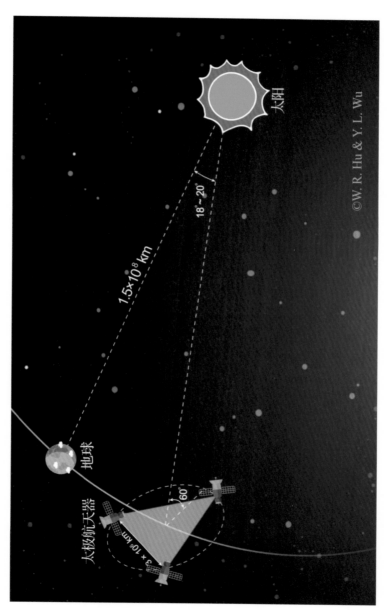

太极计划

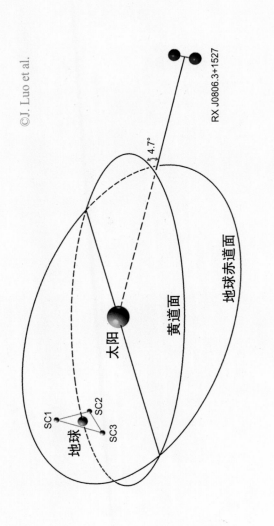

©J. Luo et al.

RX J0806.3+1527

4.7°

太阳

黄道面

地球赤道面

SC1

SC2

SC3

地球

天琴计划

天琴计划是由中山大学主导的，它的构型和太极计划相近，但位于地心轨道，臂长大约为 17 万千米。

此外，国外的如 LISA 计划则是由欧洲航天局主导的，构型也与太极计划类似，但位于地球后方日心轨道（与地球夹角 20° 左右），臂长约为 250 万千米。

接下来，介绍中子星。中子星非常小，非常致密，而且通常会转动。当中子星转动时就会产生辐射，辐射每次扫过地球都有可能被我们探测到。这种旋转的中子星称为脉冲星，脉冲星给我们提供了另一种低频段的引力波探测方式。

在一类叫作"脉冲星计时阵列"的实验中，我们可以用 FAST 等射电望远镜去监测脉冲星的转动，从而掌握脉冲星与地球之间是否有引力波经过。其原理是：银河系中分布着很多脉冲星，如果引力波通过地球和脉冲星之间的区域，它就会改变地球和脉冲星之间的距离，从而被 FAST 等射电望远镜监测到。

知识链接

    "中国天眼"（FAST），全称"500米口径球面射电望远镜"，是中国国家天文台在贵州省建成的世界最大单口径、最灵敏的射电望远镜。该项目于 2016 年 9 月 25 日正式启用。FAST 的敏感度是上一代射电望远镜的 10 倍左右，FAST 的主要科学目标包括寻找脉冲星、寻找暗物质等。FAST 的建成标志着中国在射电天文学领域的地位得到了历史性的提升，为中国天文学的发展开辟了新的篇章。

中国"天眼"

?₂ 思考探索

　　若某颗脉冲星的自转周期为 2 ms，该星稳定存在（表面层物质不会因为天体自转而飞出），引力常量 $G = 6.67 \times 10^{-11} \ \mathrm{N \cdot m^2 / kg^2}$，可推测其密度至少约为多少？

脉冲星计时阵列

© D. Champion

⠿ 五、基础物理研究有什么"用"

　　大家看完前面的内容可能会有疑问：前面讲的都是基础理论，这些基础理论有实际作用吗？好像没什么用，也没听说过用引力波做过实际应用。但是基础物理研究真的没有用吗？如果我们把眼光放远一点——来看 100 多年前的物理，比如说前面提到的量子物理，它是在 1900 年由普朗克提出的，到现在为止已经有 120 多年的历史了。量子物理刚提出的时候，大家也觉得它没有任何用处，就是一个纯粹的理性认识，但是现在它的应用非常广泛。

　　正是由于量子物理的应用，人类在 1946 年制造了第一台现代电子数字计算机，现在，我们的生活已经离不开各种多媒体设备和电子产品。这是量子物理在 100 多年后给出的基础物理研究"有用"还是"没用"的回答。

　　还有人可能会问，广义相对论总没用了吧？1915 年爱因斯坦提出广义相对论，到现在已有 100 多年了。大家可能觉得从来没有用过广义相对论，真的是这样吗？1995 年，人类发明了第一台 GPS 导航系统。如果没有广义相对论中的知识，定位是无法做到现在这么精确的。人们必须考虑广义相对论中计算出的弯曲时空效应，才可以进行非常精确的定位。我们今天用到的导航与定位，其中都蕴含着广义相对论的原理。

　　物理学的发展是从"无用"到"有用"的过程。虽然目前还看不到基础物理研究的广泛应用前景，但是它对整个人类来说是非常重要的，在遥远的未来它可能会变得极其重要、

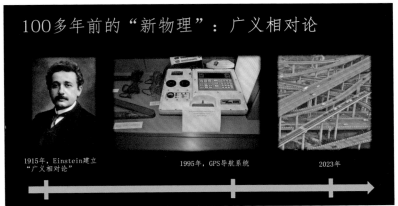

物理学的发展：从"无用"到"有用"

极其有用。这就是我们做基础物理研究的出发点与动机。如果用一个白色的圆圈来表示人类的知识，那么，基础物理研究是在人类知识的边界做一个非常小的拓展，需要通过非常大的努力，才能在很小的程度上拓展人类的知识边界。但正是这样长年累月的不断积累，才使得人类获得了对宇宙全新的认识，并且研究成果造福了全人类。

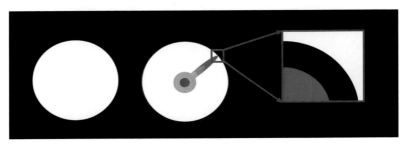

全人类的新知识

"思考探索"参考答案

P.9

　　参考答案：地球半径的测量方法主要有卫星测量法、三角测量法和弧度测量法等。比如公元前3世纪的古希腊博学者埃拉托斯特尼（Eratosthenes）就对此做出了卓越的贡献。他通过测量埃及两个不同城市（亚历山大港和阿斯旺）的太阳光线角度来计算地球的大小，然后使用这些地点之间的距离计算总周长。这种巧妙的方法为大地测量学奠定了基础。

　　地月距离的测量方法有视差法、激光测距法、射电测量法等。比如在激光测距法中，科学家在地球上向月球发射一束激光，然后测量激光从发射到反射回来的时间。由于光速是已知的，这个时间乘以光速再除以2就能得到地月间的距离。

P.10

　　参考答案：地球在近日点的时候到太阳的距离大约是1.471亿千米；地球在远日点的时候距离太阳大约是1.521亿千米，偏差约3%。AU是指太阳与地球之间的平均距离，即1AU=149 597 870.7 km。

P.12

参考答案：光年中的年为一儒略年（即 365.25 天），1 光年 = 9 460 730 472 580 800 m。

P.45

参考答案：1913 年 7 月、9 月和 11 月《哲学杂志》接连刊载了玻尔的三篇论文，标志着玻尔模型正式提出。

P.68

参考答案：只考虑一维直线运动：一个物体 A 相对于地面向右运动，速度大小为 u，另一个物体 B 相对于 A 物体也向右运动，速度大小为 v，则 B 物体相对于地面的速度大小为：$\dfrac{u+v}{1+\dfrac{uv}{c^2}}$。

其中 c 为光速，可见，一个宇宙飞船相对地面速度为 0.9c，以相对于自己 0.9c 的速度向前发射一枚导弹，则该导弹相对于地面的速度为 0.994c。

P.74

参考答案：球面上两个点之间的最短路径是经过它们以及球心这三个点的大圆的劣弧部分。

P.76

参考答案：举两个例子：

1. 大质量物质的引力使光线弯曲，通常物体的引力场都弱，20 世纪初只能观测到太阳引力场引起的光线弯曲。由于太阳引力场的作用，人类有可能看到太阳后面的恒星，但是，平时的明亮天空使我们无法观测，所以最好的时机是发生日全食的时候。1919 年 5 月 29 日恰好有一次日全食，两支英国考察队分赴几内亚湾和巴西进行观测，其结果都证实了爱因斯坦的预言，这是最早的验证之一。

2. 引力红移，在强引力的星球附近，时间进程相对于无穷远处观测者来说会变慢。宇宙中有一类恒星，体积很小，质量却不小，它们表面的引力很强。从无穷远处的观测者来看，那里原子发光的频率比同种原子在地球上发光的频率低，看起来偏红，天文观测证实了这样的预言。

P.82

参考答案：代入公式可以求出太阳变成一个黑洞的半径：

$$R = \frac{2 \times 6.67 \times 10^{-11} \times 2 \times 10^{30}}{(3.0 \times 10^8)^2} = 2.96 \times 10^3 \ (\text{m})$$

P.86

参考答案：当引力波到来时，LIGO 探测器的两个臂长会发生相应变化，而它们长度变化的差别可以通过激光干涉技术精确测量。具体来说，当两个臂长长度差别达到整数个波长时会看到激光光斑的亮斑，而当差别为半整数个波长时，将会看到激光光斑的暗斑。

P.90

参考答案：利用微小量放大的方法进行的实验有：油膜法测分子直径、卡文迪许扭秤实验、库仑扭秤实验等。

P.97

参考答案：表面层物质不会因为天体自转而飞出。表面层物质因自转即将飞出时，万有引力提供向心力，即 $G\dfrac{mM}{R^2}=mR\dfrac{4\pi^2}{T^2}$。又因为 $M=\rho\dfrac{4}{3}\pi R^3$，联立可得 $\rho=\dfrac{3\pi}{GT^2}$，代入数据可得 $\rho=3.5\times10^{16}$（kg/m^3）。

北大附中简介

北京大学附属中学（简称北大附中）创办于 1960 年，作为北京市示范高中，是北京大学四级火箭（小学－中学－大学－研究生院）培养体系的重要组成部分，同时也是北京大学基础教育研究实践和后备人才培养基地。建校之初，学校从北京大学各院系抽调青年教师组成附中教师队伍，一直以来秉承了北京大学爱国、进步、民主、科学的优良传统，大力培育勤奋、严谨、求实、创新的优良学风。

60 多年的办学历史和经验凝练了北大附中的培养目标：致力于培养具有家国情怀、国际视野和面向未来的新时代领军人才。他们健康自信、尊重自然，善于学习、勇于创新，既能在生活中关爱他人，又能热忱服务社会和国家发展。

北大附中在初中教育阶段坚持"五育并举、全面发展"的目标，在做好学段进阶的同时，以开拓创新的智慧和勇气打造出"重视基础，多元发展，全面提高素质"的办学特色。初中部致力于探索减负增效的教育教学模式，着眼于学校的高质量发展，在"双减"背景下深耕精品课堂，开设丰富多元的选修课、俱乐部及社团课程，创设学科实践、跨学科实践、综合实践活动等兼顾知识、能力、素养的学生实践学习课程体系，力争把学生培养成乐学、会学、善学的全面发展型人才。

北大附中在高中教育阶段创建学院制、书院制、选课制、走班制、导师制、学长制等多项教育教学组织和管理制度，开设丰富的综合实践和劳动教育课程，在推进艺术、技术、体育教育专业化的同时，不断探索跨学科科学教育的融合与创新。学校以"苦练内功、提升品质、上好学年每一课"为主旨，坚持以学生为中心的自主学习模式，采取线上线下相结合的学习方式，不断开创国际化视野的国内高中教育新格局。

2023 年 4 月，在北京市科协和北京大学的大力支持下，北大附中科学技术协会成立，由三方共建的"科学教育研究基地"于同年落成。学校确立了"科学育人、全员参与、学科融合、协同发展"的科学教育指导思想，由学校科学教育中心统筹全校及集团各分校科学教育资源，构建初高贯通、大中协同的科学教育体系，建设"融、汇、贯、通"的科学教育课程群，着力打造一支多学科融合的专业化科学教师队伍，立足中学生的创新素养培育，创设有趣、有价值、全员参与的科学课程和科技活动。